核与辐射安全科普系列丛书之十

辐射防护

环境保护部核与辐射安全中心　编著

中国原子能出版社

图书在版编目（ＣＩＰ）数据

辐射防护 / 环境保护部核与辐射安全中心编著 .
—北京 : 中国原子能出版社 , 2015.12
（核与辐射安全科普系列丛书）
ISBN 978-7-5022-7043-8

Ⅰ . ①辐… Ⅱ . ①环… Ⅲ . ①辐射防护 – 普及读物
Ⅳ . ① TL7-49

中国版本图书馆 CIP 数据核字 (2015) 第 315577 号

辐射防护（核与辐射安全科普系列丛书）

出版发行	中国原子能出版社（北京市海淀区阜成路 43 号　100048）
策划编辑	付　凯
责任编辑	张　琳
责任校对	冯莲凤
责任印刷	潘玉玲
印　　刷	北京新华印刷有限公司
经　　销	全国新华书店
开　　本	710 mm × 1000 mm　1/16
印　　张	3.75
字　　数	72 千字
版　　次	2015 年 12 月第 1 版 2017 年 10 月第 2 次印刷
书　　号	ISBN 978-7-5022-7043-8　　　定　价 26.00 元

订购电话：010-68452845　版权所有 侵权必究

《核与辐射安全科普系列丛书》编委会

《辐射防护》编写人员

主 编

庞宗柱

编写人员

李 明 陈方强 石生春

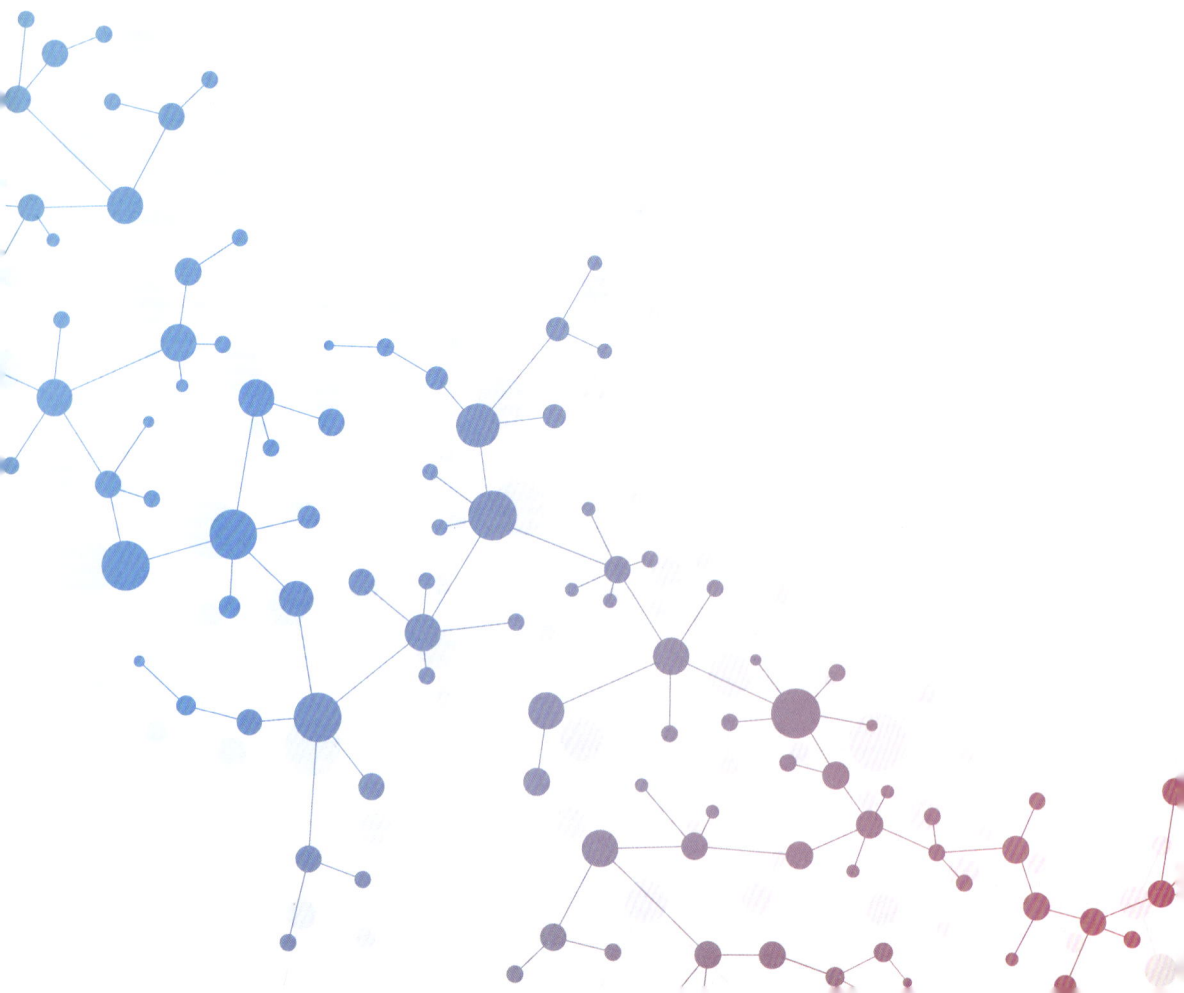

总 序

日本福岛核事故后，核电的安全性再一次在全球范围内引起广泛关注，但大多数公众对核能的认知还是停留在事故和灾难的阴影中。核电的社会接受度问题成为核能发展的重要瓶颈。就我国而言，还存在着公众对核与辐射知识匮乏，科普工作较为滞后，公众参与程度较低，信息公开透明程度不够，有效的信息反馈机制缺失等问题。因此，创新和完善核与辐射安全科普宣传体系和手段，提升核与辐射安全科普宣传实效，是提升国民科学素养，营造核电良好外部发展环境，提高公众对核电发展的接受度的有效途径，对促进核电事业安全高效发展具有重要意义。

为普及核与辐射安全知识，增强科普培训的针对性和有效性，国家核安全局核设施安全监管司委托环境保护部核与辐射安全中心制作针对不同对象的包括多媒体演示课件和配套文字资料的科普培训系列材料。经项目组多次讨论研究，目前该系列材料分为核能、核电、核燃料循环辐射环境影响和管理、核燃料循环、辐射防护、核技术利用、电磁辐射、核与辐射安全监管和核与辐射应急九篇，后续将根据需求进行续编。

本培训材料编写的目的，首先是让普通公众喜爱看，然后是看得懂，最后达到信任的目的，这是编写过程中一以贯之的理念。为保证科学性（写准），实用性（针对性），趣味性（喜闻乐见），编写过程中力求通过"三化"，即"专业化、通俗化、图示化"来实现上述"三性"。此外还要注意处理好专业与通俗，全面与片面，严肃与活泼，风险与利益，编写人的认知与公众的认知的平衡；同时结合时事热点，收集网络上错误的观点，通过反面问题来说明；尝试在编写中体现艺术感，具有一定的审美意识，表达核安全文化的人文关怀，这是更高一层的要求。

核能发展，科普先行，只有让更多的人走近核能、了解核能、信任核能——这一高效、清洁的非碳能源，核能才能实现高效安全的健康发展。

由于时间仓促，加之编写组实践经验和认识水平有限，难免有错误或不当之处，衷心盼望有关专家和广大读者不吝赐教，提出宝贵意见，以便改正。

《核与辐射安全科普系列丛书》编委会

2015年12月10日

序　一

　　随着文明的发展，人类在环境和能源问题上面临重大挑战，寻求清洁、高效、可靠的新能源势在必行。2015年联合国发展峰会上，中国发出了"探讨构建全球能源互联网，推动以清洁和绿色方式满足全球电力需求"的倡议，阐明了中国发展清洁能源的立场。为应对能源形势的新挑战，我国"十三五"规划中将能源结构调整作为下一阶段发展的主要着力点。积极推进能源供给侧改革，必须倚重清洁能源技术。核电作为清洁能源中一种成熟的基础能源，在改革进程中必将发挥重要作用。

　　积极推进核电建设不仅是我国重要的能源战略，也是国家"一带一路"和"走出去"战略的客观需求。近年来，我国风电、水电、太阳能等清洁能源和可再生能源获得突飞猛进的发展，但核电装机总量却仍处于低位。目前我国在运核电装机容量仅占电力总装机容量的2%左右，而一些发达国家则远高于此。如核电占比世界第一的法国，其核电装机容量占比高达77.7%，韩国为34.6%，俄罗斯为18%，美国将近20%。即便顺利实现规划目标——到2020年，我国在运在建核电总装机容量达到8 800万千瓦，其在我国能源总规模中占比仍然不大。为此，必须积极推进核电的安全高效发展。

　　我国运行核电机组安全业绩良好，迄今未发生国际核事件分级（INES）2级及其以上的运行事件，运行指标普遍处于世界核电运营者协会（WANO）中值以上，核设施周边环境辐射水平处于正常范围，核电厂的核辐射安全都处于受控状态。即便如此，仍然有许多公众对核与辐射安全不够了解，甚至存有误解。自日本福岛事故以来，人们似乎谈"核"色变，一方面斥责火电高能耗、高污染，一方面对核电的安全性存在顾虑。与此同时，国家对维护公众在重大项目中的知情权、参与权和监督权也愈加重视，公众意见已成为核能及相关项目能否落地的决定性因素之一。多方因素表明，核与辐射安全相关的科普宣传及与公众的沟通亟待加强。

《核与辐射安全科普系列丛书》首次从监管的视角，立足于核与辐射安全，从多个角度较为系统、全面地介绍了核能利用及其监管、核与辐射安全相关知识。系列丛书分为核能、核电、核燃料循环辐射环境影响和管理、核燃料循环、辐射防护、核技术利用、电磁辐射、核与辐射安全监管以及核与辐射应急等九个部分，丛书坚持以科学性为本，兼顾趣味性和通俗性，图文并茂，深入浅出。语言、示例贴近生活，形象又不失准确；数据、结论来源权威，审慎且不失活泼。为大家了解核能、核技术及核与辐射安全提供了一套较为容易"读懂"的读物。

写一套好的科普读物并非易事，好的科普书在于唤起公众的兴趣、提升人文情怀和传播正能量，相信这套丛书将把核电的安全和环保介绍给公众，更促进我国核电的安全高效发展。同时希望读者多提宝贵意见和建议，以便及时修订完善。最后，衷心感谢编者们为我国核能利用发展、公众沟通和环境保护所做的努力和贡献。

序 二

正处在工业化、城镇化发展阶段的中国，在追求经济发展同时也肩负生态文明建设的艰巨任务，可靠、稳定、安全、清洁、低碳的电力供应是国家经济发展和生活稳定的必要条件。面对环境治理和气候变化的挑战，安全、高效地发展核电是中国走向能源清洁化、低碳化的重要选择。核能利用，是一种大规模产生能源的方式，神奇但是并不神秘，如果管理得当，它将为我们带来巨大的社会效益。然而，就在我国意在大力发展核电的同时，却遭遇到了重重阻力。2016年4月1日，习近平在第四届华盛顿核安全峰会上的讲话中说，"学术界和公众树立核安全意识同样重要。我们还要做好核安全知识普及，增进公众对核安全的理解和重视。"国家核安全局局长李干杰曾指出，目前核电发展面临的最大的问题、最大的约束和瓶颈，不是技术问题，而是公众沟通、公众可接受度的问题。

公众对核与辐射安全的接受度与其对核与辐射安全的认知、态度、行为有着极其重要的关系。改变及提升公众的认知、态度、行为，必须开展行之有效的公众沟通工作，而科普宣传则是公众沟通工作中重要的一环。核与辐射事件和事故作为当前重要的突发环境事件，如果处置不当，就可能引发远超事故本身影响范围的社会公共事件，科普宣传开展的好坏直接影响涉及或参与事件人的反应，成为影响事件应对好坏的关键所在。比如2009年河南杞县的卡源事件最终演变为大规模的公众恐慌事件，究其主要原因是公众对放射源知识的缺乏。我国虽然很早就开展了核能和核技术开发利用工作，但长期以来对核与辐射安全文化的宣传和培育不足，大多数人的核与辐射知识十分匮乏，加上一些不恰当的宣传和误导，给核科学技术蒙上了一层神秘的面纱，公众对于核与辐射极度敏感，谈核色变。

《核与辐射安全科普系列丛书》从核能、核电、核燃料循环辐射环境影响和管理、核燃料循环、辐射防护、核技术利用、电磁辐射、核与辐射安全监管以及核与辐射应急九个方面，用尽可能通俗易懂的语言全面、系统地将核能与核技术利用的方方面面进行了讲解。

当然，由于在专业性和通俗性的统一上，存在一定的难度，该系列丛书难免会有一些瑕疵和不足，但是编者们在核与辐射安全知识科普工作中表现出的社会责任感和探索精神值得尊崇。且这类科普读物正是目前我国核电发展和社会公众所急需的，希望大家通过阅读这套丛书，既能认识到核能和核技术造福人类的巨大价值，同时也能正确理解核与辐射对环境和人类的影响及其潜在危害性，增强理性应对涉核事件事故的能力，促进核能与核技术更好地造福于人类。

潘自强

前 言

科普教材第五篇辐射防护部分的主要内容分为四章。为了重点描述公众可能关心的问题，每章的最后一个小节为两三个趣味问答。

第一章　辐射防护基本知识主要是介绍基本知识，科普教材中努力做到言简意赅，主要目的是把后续教材中可能提到的重要概念介绍一下，帮助理解后续内容。本章分为五小节，分别介绍了什么是辐射和辐射防护、放射性的发现历史、辐射的度量单位和测量、趣味问答。

第二章　生活中的辐射源主要是介绍生活中可能面临的各种辐射源，本章分为四个小节，分别介绍了天然放射性、人工放射性和工作人员受到的职业照射、趣味问答。其中，为拉近公众与辐射的距离，天然放射性部分花了较大篇幅。人工放射性方面侧重公众可能接触的医学方面的应用。

第三章　电离辐射对人体的危害主要介绍电离辐射对人体的影响，重点是把剂量与健康的对应关系说清楚。本章分为四个小节，分别介绍了辐射与细胞的相互作用、辐射的生物效应和影响辐射生物效应的因素、趣味问答。

第四章辐射防护基本方法主要介绍对电离辐射进行防护的基本常识，期望公众在了解这些知识后正确的采取措施对辐射进行防护，减少错误的或过度的防护。本章分为五个小节，分别介绍了辐射防护的基本原则、外照射的防护、内照射的防护以及常见的电离辐射标识和警告标识、趣味问答。

本书由庞宗柱主编，李明、陈方强、石生春参与编写。其中第一章由陈方强执笔；第二章由庞宗柱执笔；第三章由李明执笔；第四章由石生春执笔。

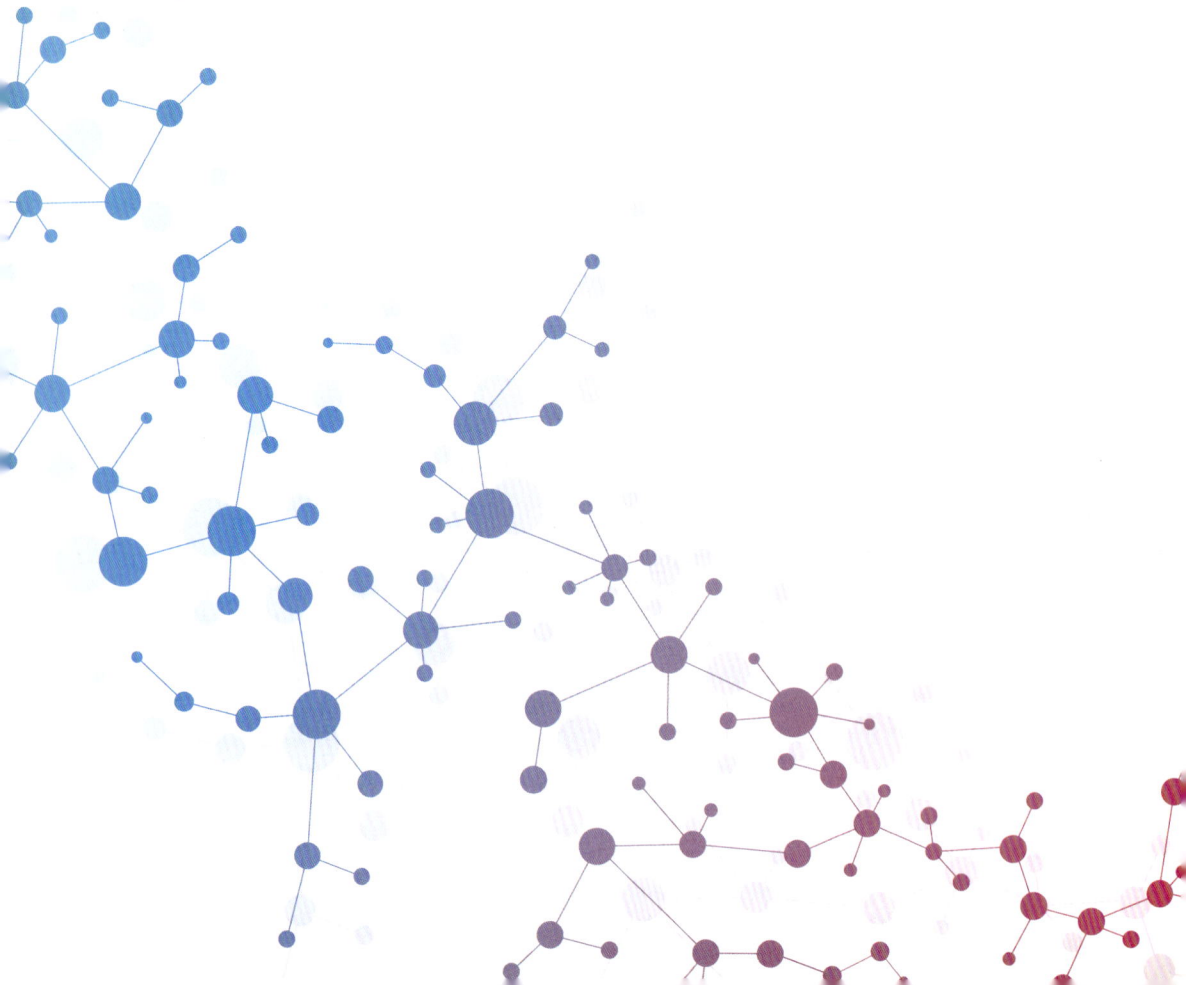

目　录

第一章
初识辐射

现代社会中人们越来越关注辐射对人体健康的影响，但是由于辐射具有"看不见、摸不着"等特点，人们往往会对辐射产生过度的恐惧或者进行不适当的防护。实际上，人类一直生活在一个处处都是辐射的环境中，有必要了解一些辐射的基本知识和防护的基本方法，这也是我们组织编写这本辐射防护科普教材的主要目的。

第一节　什么是辐射和辐射防护

自然界中的一切物体，只要在绝对温度零度以上，都时刻不停地以电磁波的形式向外传送热量，这种能量传递的形式为热辐射；放射性物质的原子核结构或者能量状态改变，放出微观粒子或以电磁波形式向外释放的能量叫做核辐射。以电磁波或高速粒子的形式向周围空间或物质发射并在其中传播的能量统称为辐射。

按照能量大小的不同，辐射分为电离辐射与非电离辐射两类。拥有足够高能量的辐射，会直接地或间接地使物质的原子发生电离，这种能产生电离的辐射称为电离辐射，也可称为核辐射；非电离辐射指低能电磁波，也称为电磁辐射，其能量较低，不能使原子电离，与电离辐射有着很大的区别（如图1-1）。

非电离辐射：如紫外线、可见光、红外线、微波辐射、手机辐射、电脑辐射，等
电离辐射：如γ射线、α射线、β射线、X射线、中子辐射、重带电粒子，等

我是非电离辐射，别害怕！　　　　　　　　　　　我是电离辐射，小心点！

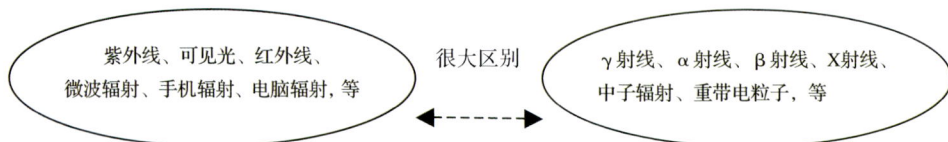

紫外线、可见光、红外线、
微波辐射、手机辐射、电脑辐射，等　　很大区别　　γ射线、α射线、β射线、X射线、
中子辐射、重带电粒子，等

电离辐射
如：核辐射
会对细胞造成破坏

电离辐射
如：手机辐射
几乎不会对健康造成
影响

图1-1　电离辐射与电磁辐射（摘自《射线相伴你我他》）

电离辐射通常源自放射性物质，但也可来自电子加速器、X射线机等产生射线的装置。能自发放出射线的物质就叫做放射性物质，这种自发放出射线的性质叫放射性。

人体受到电离辐射照射时没有感觉，小剂量的电离辐射并没有想象

的那么可怕，但是受到过大剂量的照射，就有可能对人体产生严重的危害，甚至致死。因而，对于电离辐射，需要采取控制和管理的方法对其进行有效的防护，这种对电离辐射的防护，称之为辐射防护。

那么电离辐射从何而来呢？

物质都由分子组成，分子由不同的原子组成，原子又是由原子核和核外电子组成（见图1-2）。原子核中具有一定的质子数和中子数的原子就是同一种核素；如果原子的质子数相同，但中子数不同的话，这些原子核互为同位素，同位素属于同一种元素，化学性质完全相同，举个例子，氢有 ^1H（氢）、^2H（氘）、^3H（氚）3种原子，就是3种核素，它们的原子核中都只有1个质子，但分别有0、1、2个中子，这3种核素互称为同位素。当原子核的中子、质子在一定比例范围内，原子核是稳定的（如 ^1H、^2H），超过一定的比例，则原子核变得不稳定（如 ^3H）。世界上有一百多种元素，核素则高达上千种，他们当中大部分是不稳定核素。不稳定核素能自发地转变成另一种核素，并发射出某些粒子，这种核素称为放射性核素，这个转变过程称为放射性衰变（如图1-3）。

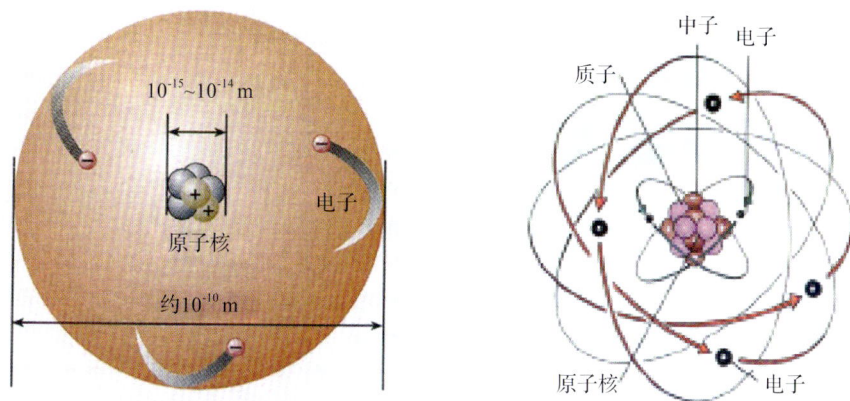

图1-2　原子结构示意图

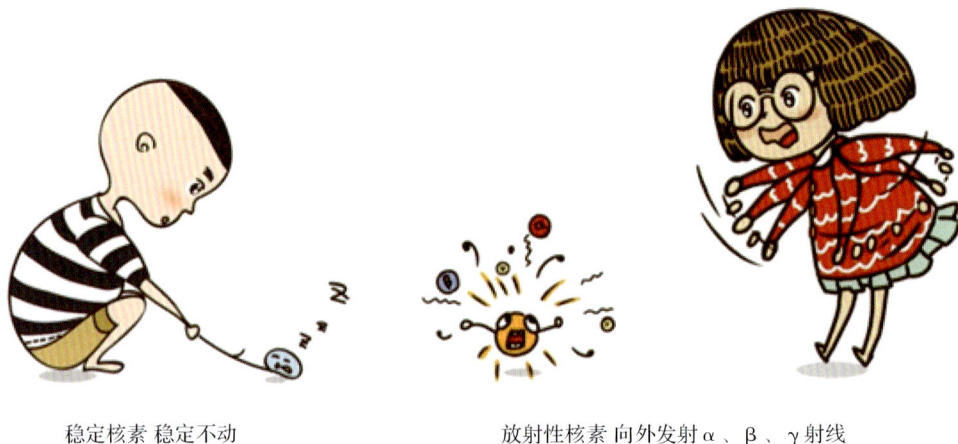

稳定核素 稳定不动　　　　　　放射性核素 向外发射 α 、β 、γ 射线

图1-3　稳定核素与不稳定核素（摘自《射线相伴你我他》）

放射性衰变的主要形式有三种：（1）α（阿尔法）衰变，即从原子核中放出一个由两个质子、两个中子组成的α粒子；（2）β（贝塔）衰变，即原子核中的的一个质子变为中子或一个中子变为质子，同时产生并发出一个β粒子（电子）以及中微子（或反中微子）；（3）γ（伽马）衰变，即原子核从不稳定的激发态过渡到稳定的状态并放出γ射线。

放射性核素都有自己的寿命，会随着自身的衰变逐渐减少，乃至消失。一般用半衰期来表征放射性核素寿命的长短，放射性核素的原子个数衰变为原来的一半所需的时间叫做放射性核素的半衰期。

第二节　放射性是如何发现的

1895年，德国物理学家伦琴意外地发现了一件怪事，放在抽屉里、用黑纸包裹得很好的照相胶片总是自动感光。经过多次反复研究，终于发现了其中的奥秘。这种奇怪的现象原来是由阴极射线管里发出的一种射线造成的。这种射线穿透力很强中，木板和纸都挡不住它。因为对它的性质还不完全了解，伦琴便把它称为X射线，俗称"X光"。伦琴由于该重大发现被授予首届诺贝尔物理学奖。

后来，伦琴拿一张用黑纸包好的照相胶片，放在阴极射线管旁边，然后让妻子把手放在胶片上，给阴极射线管通了电。不一会胶片冲出来了，伦琴的妻子一看，不禁大吃一惊，这是一张手上的骨骼清晰可见的手掌照相底片。于是，世界上第一张X射线照片诞生了。

伦琴在巴黎法国科学院宣读关于发现X射线的报告时，在众多的听众中有一位名叫贝克勒尔的法国物理学家。他在听过报告后，反复思考着一个问题，即荧光与神奇的X射线间，究竟有什么内在的联系？

贝克勒尔设计了一个实验：他将感光的底片包裹在黑纸中，再将铀矿石置于黑纸上面，然后把它们一起拿到太阳下曝晒。贝克勒尔对冲洗出来的底片进行观察，发现底片上有许多雾状细斑点，这说明铀盐矿石所发出的射线能穿透纸张。贝克勒尔再将黑纸换成薄的铝箔片及铜箔片，发现也能使底片曝光。

贝克勒尔继续试验时发生了意想不到的情况，原先计划的实验因天气变化而取消了。于是他将底片连同铀盐矿石一起放入抽屉中。在冲洗底片时，贝克勒尔觉得这些底片因为曝光时间不足，底片感光效果必然不好，但是结果恰恰相反，曝光黑影非常清晰。贝克勒尔由此猜测，一定是矿石除了产生可见的磷光外，还能产生一种存在时间很长、强度远超过磷光的未知射线。即使不经过阳光暴晒，这种未知射线也能使底片感光。

　　为继续探求问题真相，贝克勒尔又设计了一个实验。这次实验是将磷光铀盐矿石置于完全不透光的黑纸盒中，再将黑纸盒放置于暗室内很多天。贝克勒尔发现铀盐矿石已经不发出X射线，但是具有穿透性的射线依然存在，依旧能使底片感光。这项发现使得贝克勒尔大为振奋，他尝试分析其他成分不同的化合物，发现凡是含有铀的化合物，不论是磷光或非磷光体，均会产生相同的放射现象，而这种射线来自大自然，不需借助阴极射线管，与伦琴发现的X射线不同，故贝克勒尔将其称为"天然射线"（如图1-4）。

铀盐

双层黑纸

感光底片

图1-4　贝克勒尔感光实验（摘自《射线相伴你我他》）

　　贝克勒尔发现放射性这一自然现象虽然没有伦琴发现X射线那样轰动一时，但其意义却更为深远，此后的研究使人们认识到：在自然界中，有不稳定的核素存在，这些不稳定核素的原子核可以自发衰变，同时释放出具有穿透力的射线。这一发现为后来的核科学发展开辟了道路，它使人们对物质的微观结构有了更新的认识，并由此打开了原子核物理学的大门。

　　当时在巴黎大学求学的一位年轻女学生对贝克勒尔发现的射线产生

了浓厚的兴趣，并决定把它作为自己的博士学位论文题目进行研究。她就是出生于波兰后来加入法国国籍的、历史上第一位两次获得诺贝尔科学奖的著名物理学家玛丽·居里。

1898年，居里夫妇在沥青铀矿里取得了一种灰白色的物质，它的化学性质和已知化学元素铋十分相似。居里夫人为了纪念自己的祖国波兰，就把这种新元素命名为"钋"。但随后他们发现，钋还不是沥青铀矿中强放射性的主要来源。他们在取得了更详细的实验结果后，发表了另一个重大发现，即找到了比铀的放射性比活度强二百多万倍的"镭"（如图1-5）。

图1-5 居里夫人和镭

居里夫妇对放射性现象和发现新的放射性元素方面卓有成效的研究工作，不但带来了其他许多重大发现，而且还开辟了核物理和核化学研究的新领域。为了表彰他们对核科学事业的伟大贡献，在1903年，他们和贝克勒尔共同获得了诺贝尔物理学奖。

第三节　如何度量辐射

我们用千克（kg）和吨（t）来描述重量，用米（m）和千米（km）来描述距离，那么辐射又是怎么描述的呢？我们在传媒和生活中偶尔能够听到诸如贝克、戈瑞、希沃等辐射相关的量，那么他们都指的是什么呢？事实上它们对应了辐射中最常见的三个量，分别是活度、吸收剂量、有效剂量。

（一）活度

活度是描述放射性最基本的量，指单位时间内核素发生衰变的数量。为了纪念贝克勒尔发现放射性这一突出贡献，人们将活度的单位命名为贝克勒尔，简称贝克（Bq），1 Bq=1次衰变/秒。活度还有一个旧的专用单位，叫居里，用Ci表示，1 Ci=3.7×10^{10} Bq。

（二）吸收剂量

电离辐射与物质的相互作用是一种能量传递的过程，其结果是电离辐射的能量被受照物质所吸收。人们用吸收剂量来度量受照物质吸收辐射能量的多少，其单位为戈瑞（Gy），1 Gy=1 J/kg（焦耳/千克）。

（三）有效剂量

同样的吸收剂量，如果辐射的种类不同，受照部位不同，辐射造成的损伤就不一样。比如：用同样大小的力去砍一棵大树，拿大刀和小刀，效果是不同的；用同样大小的力，拿着刀具去砍一棵大树，砍小枝桠和砍大树最粗壮的地方，效果也是不同的。

我们利用有效剂量来衡量不同射线对人体不同部位的受照情况。有效剂量的单位为希沃特(Sv)，简称希，也就是我们生活中经常听到的希沃，我们经常使用的计量单位是毫希（mSv）（如图1-6）。

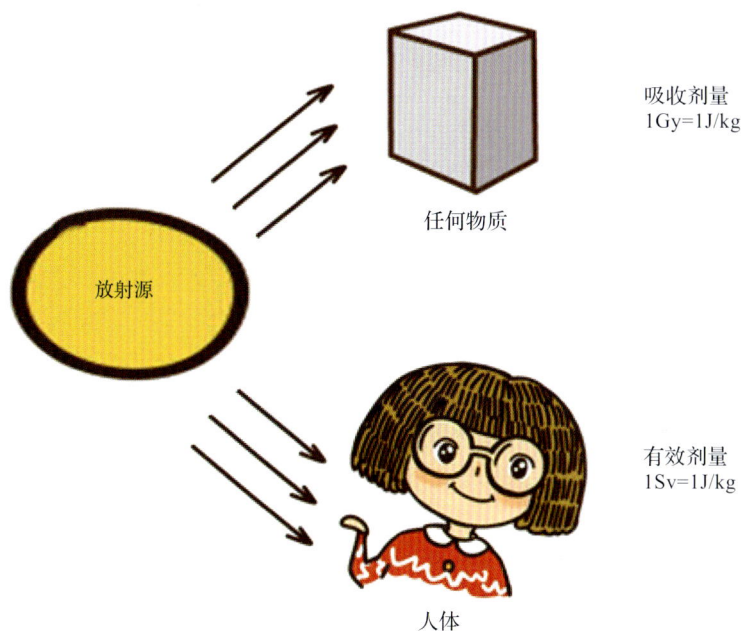

吸收剂量
1Gy=1J/kg

任何物质

放射源

有效剂量
1Sv=1J/kg

人体

图1-6　吸收剂量与有效剂量（摘自《射线影响你我他》）

第四节　如何知道辐射的存在

电离辐射"看不见、摸不着"，不能被人体感觉到，那么我们如何去感知和发现它们呢？

放射性核素无时无刻不在发生放射性衰变，向外界发射出射线（α、β、γ等），虽然我们不能直接测量和发现电离辐射，但射线会与某些物质会产生一些特别的效应，我们可以利用这些特别的效应制作出各类辐射探测仪器，以获取需要的辐射信息，实现"看到，摸到，感觉到"这些神秘的电离辐射。常见的电离辐射探测仪器有电离室、α谱仪、γ谱仪、X荧光分析仪、测氡仪等。

通过各类辐射探测仪器，我们可以知道辐射的存在，掌握射线种类、能量、射线强度等众多信息，并探测分析辐射源的分布情况，以便我们做出各种正当的选择和安排。随着材料技术和信息技术的深入发展，现在的核测量仪表正朝着高精度、高灵敏度、高集成度、高智能化方向发展，将来人们可以更加方便、高效地对各类辐射进行探测和分析。

第五节　趣味问答

（一）你受过X射线照射吗？——X射线及其特点

答：在各种放射线中，人们最常听说，通常也是接触最多的就是X射线，大多数人都被它照射过。大大小小的医院几乎都设置有放射科，尤其是放射性诊断中，X射线诊断十分普遍。体检、骨折检查……大多在这里接受过X射线透视或照相，以检查、诊断身体各器官、组织功能和结构的改变。在工业等领域，X射线也被广泛应用，例如探伤、X荧光分析等。

X射线和γ射线都是电磁波，都是能量较高的辐射，都有较强的穿透能力，通过物质时与物质发生相互作用，都能使物质间接地产生电离，但X射线的能量低于γ射线，穿透能力较γ射线弱。究其产生根源，X射线与γ射线具有很大不同：γ射线由放射性核素自发衰变放出，由原子核退激产生，而X射线是核外电子退激产生，通常来源是高速电子轰击金属靶产生的。

要有效阻挡X射线，一般采用重金属板块或较厚的综合性材料，如铅板、混凝土墙等。从保护人体出发，同样需要特别注意来自外部的X射线照射，尤其是医学诊断中的X射线诊断，应该对非诊断部位做出适当的防护，采取恰当的屏蔽措施使非诊断人员尽可能少地受到不必要的照射。

（二）仙人掌与防辐射服都能防辐射吗？

答：不少商家在销售仙人掌时加上了仙人掌具有防辐射的作用，也曾有不少健康专家建议在电脑旁放一盆仙人掌或类似的植物可以有效屏蔽辐射，然而实际上，除了美化环境以外，那些所谓能吸收电磁辐射和对核辐射（电离辐射）有屏蔽效果等说法均是没有科学依据的。现在的电脑绝大多数使用液晶显示屏，坐在电脑前接受的电磁辐射是非常小的，几乎不会对人体造成影响。

另一个至今非常热销的产品就是针对孕妇的防辐射服。防辐射的孕妇服如果是针对核辐射（电离辐射），想要屏蔽γ射线，需要用铅这样的重金属元素来遮挡，防辐射服几乎不能起到屏蔽作用；对于日常生活我们所能接触到的普通电磁辐射（来自电脑、手机等电子产品），目前的研究尚未发现对人体健康具有可观测到的影响，而且它们不是单一辐射源，通常遍布于整个空间，孕妇穿防辐射服作用不大。

第 二 章
生活中的辐射源

第一节　天然放射性

在我们生存的环境中，辐射无处不在。人类生存所必需的来自太阳的光和热就是由核反应产生的辐射。从广义来讲，辐射指的是能量在空间传播的过程。自然环境中本来就存在着各种各样的放射性物质，而天然放射性也早已为人类所适应。

天然放射性主要来自宇宙射线、宇生放射性核素和原生放射性核素。宇生放射性核素是宇宙射线与大气相互作用产生的，而原生放射性核素则是从地球形成开始，迄今为止还存在于地壳中的那些放射性。

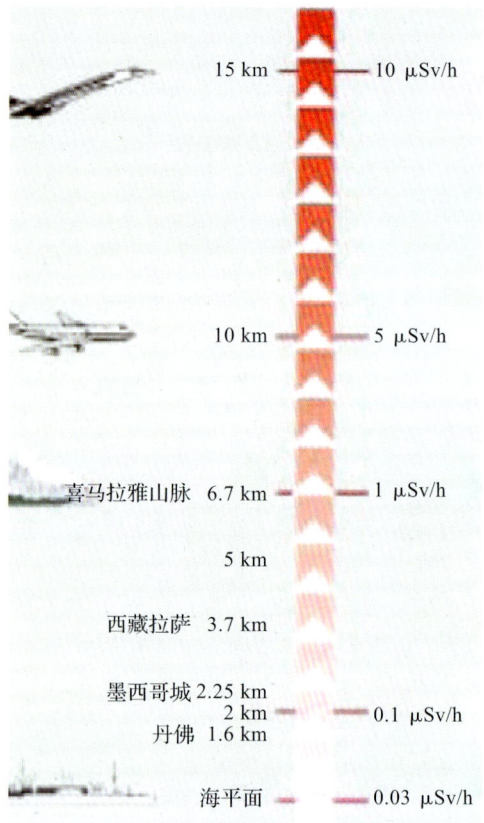

	15 km	10 μSv/h
	10 km	5 μSv/h
喜马拉雅山脉 6.7 km		1 μSv/h
	5 km	
西藏拉萨 3.7 km		
墨西哥城 2.25 km		
	2 km	0.1 μSv/h
丹佛 1.6 km		
	海平面	0.03 μSv/h

图2-1　不同海拔处剂量率

（一）宇宙射线

宇宙射线主要是来自外太空的能量很高的粒子，它以基本恒定的数量进入地球大气层。当宇宙射线穿过大气层的时候，会与大气发生复杂的反应并逐渐被吸收，使得剂量率随着海拔的升高而增加。图2-1是不同海拔处的剂量率。

（二）天然放射性核素

宇生放射性核素和原生放射性核素都是天然放射性核素，其种类很多，性质与状态也各不相同。它们在环境中的分布十分广泛，在岩石、土壤、空气、水、动植物、建筑材料、食品甚至人体内都有天然放射性核素的踪迹。地壳是天然放射性核素尤其是原生放射性核素的重要贮存库，地壳中的放射性物质主要为铀系、钍系和钾-40。空气中的天然放射性核素主要有地表释入大气中的氡-222及其子体核素，动植物食品中的天然放射性核素大多数是钾-40。

存在于岩石和土壤中的放射性物质由于地下水的浸滤作用而析出，这是地下水中天然放射性核素的主要来源。此外，粘附于地表颗粒土壤上的放射性核素在风力的作用下可转变成尘埃或气溶胶，从而转入大气并进一步迁移到植物或动物体内。土壤中的某些可溶性放射性核素被植物根部吸收后，继而输送到可食部分，接着再被食草动物采食，然后转移到食肉动物，最终成为食品中和人体中放射性核素的重要来源之一。

（三）氡的内照射

氡气是特别重要的一种天然辐射来源。氡的直接衰变产物是半衰期较短的放射性核素，它们能附着在空气中的微粒上，被人吸入以后所产生的α粒子就会照射肺部的组织，从而增加患肺癌的风险。氡气主要从土壤中穿过地板进入建筑物，在封闭的空间里，放射性浓度会逐渐增加。如果房屋通风良好，氡气的积累就不会很明显。图2-2是氡气的产生途径。

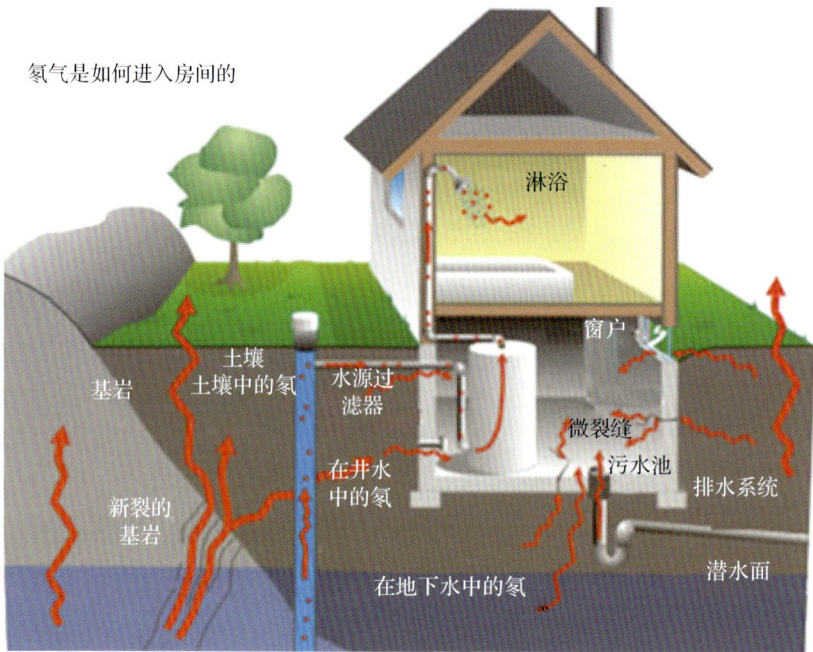

图2-2　氡气的产生途径

（四）本底辐射水平

本底辐射水平指的是天然存在的放射性辐射量，表2-1是环境保护部公布的我国一些主要城市2016年8月某天的空气吸收剂量率监测值。

表2-1 我国一些城市2016年8月某天吸收剂量率监测值 （单位：10^{-9}Gy/h）

地点	北京市	哈尔滨市	济南市	上海市	广州市
监测值	94	78	68	70	100
地点	乌鲁木齐市	兰州市	西宁市	拉萨市	昆明市
监测值	80	116	103	196	88

（五）天然放射性所致剂量

对于公众受到天然照射的辐射剂量，联合国原子能辐射影响科学委员会（UNSCEAR）2008年出版的调查结果如图2-3所示。

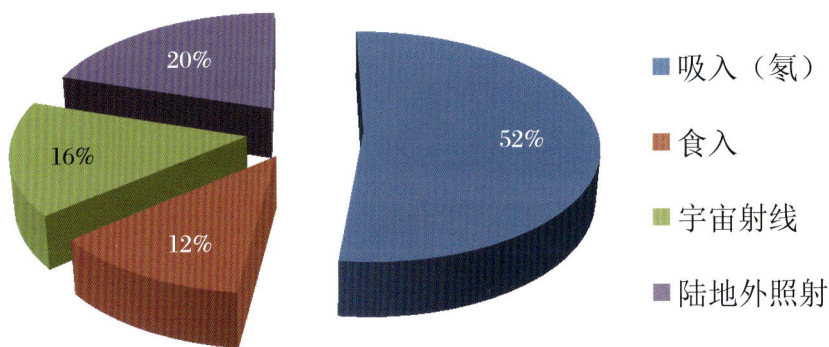

图2-3 各类天然照射对公众年剂量的贡献

全世界公众受到天然照射的人均年有效剂量大约为2.4 mSv，不同途径天然放射性对剂量的贡献见表2-2（UNSCEAR）。其中，由氡衰变产物引起的全球平均年有效剂量估计值大约是1.26 mSv，但不同地区的具体值偏离平均值较大。在有些国家（例如芬兰），全国平均值是此值的好几倍。

表2-2　天然放射性的不同来源

源	全球平均剂量/mSv	典型的剂量范围/mSv
吸入（氡）	1.26	0.2~10.0
食入	0.29	0.2~1.0
宇宙射线	0.39	0.3~1.0
陆地外照射	0.48	0.3~1.0
合计	2.42	1.0~13.0

根据现有资料，我国居民由于天然放射性所受到的年有效剂量约为3.1 mSv，与美国本世纪初发表的美国天然放射性水平相同。

第二节　公众受到的人工放射性

由于放射性在医学上的应用、核武器试验以及核能利用等原因，人们除受到天然放射性的照射外，还会受到人工辐射源的照射。人工放射性照射主要来自医疗照射、公众照射和职业照射三个方面。

（一）医疗照射

公众受到的人工放射性主要来自医疗照射。医疗照射指接受治疗或诊断时患者或被检查者所受到的照射，主要包括放射性诊断、放射性治疗和放射性同位素在医学中的应用三种类型。医学中所应用的辐射种类很多，有医用诊断X射线、牙科X射线、核医学、放射治疗、介入放射、CT扫描等等。

① 放射性诊断

据估计，公众由于使用X射线进行放射性诊断而受到的照射占医疗照射的75%～90%。放射性诊断包括透视、拍片、荧光检查和CT检查等诊断方法（见表2-3）。

表2-3　常见的放射诊断方法所致剂量水平

诊断方法	剂量水平
胸透	0.5～1 mSv
拍片	头3～5 mSv；胸 0.4～1.5 mSv；腰椎10～40 mSv；胸椎7～20 mSv
荧光检差	正常25 mSv/分；高水平100 mSv/分
计算机断层扫描	腹25 mSv；腰椎35 mSv；头50 mSv

② 放射性治疗

放射性治疗采用特殊设备产生的高剂量射线照射癌变的肿瘤，杀死或破坏癌细胞，抑制它们的生长、繁殖和扩散。虽然一些正常细胞也会受到破坏，但是大多数都会恢复。与化疗不同的是，放射性治疗只会影响肿瘤及其周围部位，不会影响全身。

利用放射性照射来治疗肿瘤等疾病已广泛地应用在医疗界，尽管在某些治疗中患者可能受到大剂量的照射，但实际上接受放射性治疗的还是少数人。在大多数国家，放射性治疗对群体产生的人均剂量远低于放射性诊断。

③ 放射性同位素在医学中的应用

放射性同位素在医学中可用于跟踪人体内化学物质的转移途径和部位。因为放射性同位素与同一元素的稳定同位素，在化学性质上是相同的，所以它们在人体内经过的途径和富集的程度也是相同的。

医疗照射给人类造成的剂量负担人均年有效剂量为0.4～1.0 mSv，随着人类生活水平和医疗水平的提高，其应用频率呈增长趋势。

（二）公众照射

公众照射是指由于工业生产、科学研究等活动导致公众接受的照射和公众本身家居生活、出外旅行等所接受的照射。

① 核工业产生的公众照射

核能工业的发展，导致了放射性废物量不断增加，连续地将低水平的放射性废物排放到环境中，可能引起人类环境本底辐射水平的提高。

核工业产生的公众照射主要是排放放射性"三废"和由事故释放出的放射性核素所造成的污染。据联合国原子辐射效应科学委员会（UNSCEAR）统计，1956—1990年由核工业产生的累积集体剂量远低于世界居民一年内所受天然辐射产生的集体剂量。

② 核试验沉降物产生的公众照射

核试验"沉降物"，有的又叫"落下灰"，这个术语应用于核爆炸引起的沉降到地球表面上的放射性灰状物。核试验沉降物是人工辐射源，它将增加人类环境的本底辐射水平。

从1945年到1989年，全世界共进行了1 799次核武器实验，美国921次，前苏联624次，二者实验占总数的89%。其中大气层实验483次，爆炸的总能量相当于42 000个美国在广岛投的原子弹。根据联合国原子辐射效应科学委员会2008年公布的统计结果，大气核武器试验对公众造成的人均年有效剂量为0.005 mSv，远低于公众所受到的天然照射。

日常生活可接触的消费品放射源如：夜光表，烟雾警报器，机场X射线检查机等，这些放射源对人类的照射剂量很小，可以忽略。

我国国家标准规定，人工放射性使公众所受到的年平均剂量估计值不应超过1 mSv的限值。

第三节 工作人员受到的职业照射

职业照射是指工作人员在其工作过程中所受到的所有照射。许多行业都有职业照射问题。除核工业外，制造与服务行业、国防领域、研究机构及大学中也常常使用人工辐射源，相关工作人员也可能受到职业照射。有些工作人员也受到来自工作环境中天然辐射源的照射，例如：工人们在矿井以及氡水平较高地区中受到氡的照射；客机机组人员由于飞行高度较高受到的宇宙射线照射。

表2-4是联合国原子辐射效应科学委员会公布的不同职业的平均年有效剂量。

表2-4 不同职业的平均年有效剂量

来源			剂量/mSv
人工来源	核工业	铀矿开采	4.5
		铀水冶	3.3
		富集	0.1
		燃料制造	1.0
		核反应堆	1.4
		后处理	1.5
	医疗用途	放射科	0.5
		牙科	0.06
		核医学	0.8
		放射治疗	0.6
	工业来源	辐照	0.1
		射线照相	1.6
		同位素生产	1.9
		测井	0.4
		加速器	1.8
		放射性物质致发光	1.4

续表

天然来源	氡	煤矿	0.7
		金属矿	2.7
		地上建筑物	4.8
	宇宙射线	民航空勤人员	3.0

我国国家标准规定，实践中应对任何工作人员的职业照射水平进行控制，使之连续5年的年平均有效剂量不超过20 mSv且任何一年的有效剂量不超过50 mSv。

第四节　趣味问答

（一）如何减少居室内的氡浓度？

答：天然放射性气体氡对人体的健康危害已经日益为人们所认识。如何降低室内氡浓度、减少氡的辐射照射所带来的健康危害是一般公众所关心的问题。为此，在欧美，不少室内氡浓度相对较高的国家，会定期向公众宣传室内降氡、防氡知识。

简便易行的降低室内氡浓度的第一措施就是加强室内通风。在日常生活中，勤于开窗通风换气是一种行之有效的降低室内氡浓度的方法；在建筑设计方面，要设计多窗户型，并保持室内通风结构良好，从而提高通风时空气对流效率；对于通风不良的地下室，应尽量减少人员在室内的滞留时间，必要时可以采用人工通风设计；另外，在装修时，选择高质量的建材及油漆涂料以阻止建筑内壁的氡气逸出，也是一种有效降低氡析出过程的方法。

另一方面，在居民楼选址方面也要重视氡的辐射照射问题，在铀、镭含量高的地区可以采取相应的措施降低氡的辐射照射；在房屋建设施工过程中，可以用混凝土地基或者黏土压实地基等隔离层缝合地质断裂产生的空隙，封闭土壤中氡气扩散逸出的通道，降低氡气的析出率，从源头上减少氡气的来源。（摘自《核与辐射安全百问百答》）

（二）吸烟也会产生辐射么？

答：由于烟草叶中含有钋-210、铅-210、镭-226等放射性核素，主要是放射性核素钋-210。吸烟也会对人体产生辐射影响。钋是属于铀衰变系中的一种天然放射性核素，衰变时释放 α 射线，具有较强的电离本领。烟草中之所以会出现钋-210，主要是由于土壤中的核素被植物吸收；其次，烟草种植过程中施用含有铅-210的磷矿石制成的高磷酸盐肥料，铅-210衰变后产生钋-210。通常铅-210通过根部进入植物，并且富集在烟草叶中。

（三）是否超过国家标准的"公众剂量限值"就不安全？

答：国家标准中的"公众剂量限值"不是安全与否的界限，因此超过国家标准剂量限值并不意味着不安全。例如：《电离辐射防护与辐射源安全基本标准（GB 18871—2002）》规定，公众照射的年有效剂量限值是1 mSv，而可能出现确定性效应的阈值为100 mSv。标准中的"剂量限值"比确定性效应的剂量阈值低得多。

第三章

电离辐射对人体的危害

辐射和放射性核素的应用已有百年的历史，在给人类带来巨大利益的同时也可能对人体的健康造成一定程度的影响和危害。在人体遭受到过量电离辐射照射时，会对健康造成不良影响，但只要控制好受照剂量的大小，电离辐射对人体的危害十分有限。如核电厂在正常运行、维修等情况下，电厂工作人员受到的辐射照射剂量是很小的，不会对身体健康产生不良的影响，这已被世界各国核电厂长期运行的实践所证明。

第一节　辐射与细胞的相互作用

电离辐射具有较高能量，能与人体细胞产生相互作用，从而可能对人体健康产生伤害，这种伤害可分为直接伤害和间接伤害。直接伤害就是辐射直接作用在生物分子上，造成生物分子的损伤；间接伤害是指细胞内的水吸收辐射的能量，水分子发生变化并会形成对染色体有害的化学物质，进而对生物分子造成伤害（如图3-1）所示。

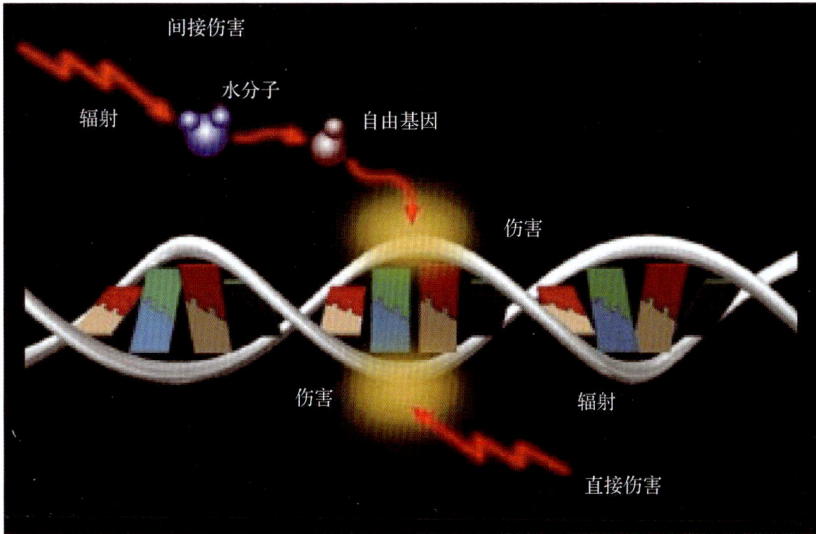

图3-1 直接伤害与间接伤害

产生辐射损伤的过程是很复杂的，通常认为有四个阶段：

（一）最初的物理阶段

只持续很短的时间（约10^{-16} s），在这一瞬间能量沉积在细胞内并引起电离。

（二）物理-化学阶段

大约持续10^{-6} s，在这期间，离子在水中将产生多种反应产物，如自由基和强氧化剂过氧化氢（H_2O_2）。

（三）化学阶段

持续几秒钟，在此期间，反应产物与细胞的重要有机分子相互作用。自由基和氧化剂可能破坏构成染色体的复杂分子。例如，它们可能附着于分子上并破坏长分子链中的键。

（四）生物阶段

在这个阶段，时间跨度可从几十分钟持续到几十年，这要看特定的症状而定。

细胞受到辐射损伤后可能导致细胞早期死亡、阻止或延迟细胞分裂以及细胞的永久性变形，并可能延续到子代细胞。在人体内，这些变化能显示出临床症状，如放射性病、白内障或在以后较长时期内出现的癌。不过，小剂量的辐射照射引起的细胞内的各种损伤常会被细胞自身修复，不会对身体健康产生不良的影响。

第二节　辐射的生物效应

简单地说，辐射的生物效应就是人的细胞、组织在受到一定量的辐射照射后有可能引起功能或表型变化（如诱变）以及细胞学变化（如遗传损伤），这些变化有可能使人的机体出现相应的一些效应，如白内障、眼晶体混浊等。无论来自体外的辐射源，还是来自体内的放射性物质，其电离辐射和人体的相互作用都可能导致生物效应。

① 辐射生物效应的分类和特点：按性质分类可分为随机效应和确定性效应；

② 按产生效应的时间可分为早期效应和晚期效应；

③按效应作用的对象可分为躯体效应和遗传效应。

（一）随机效应和确定性效应

根据发生率与剂量之间的关系，将生物效应主要分为随机性效应和确定性效应。

随机效应是指效应严重程度与受照剂量大小无关，但其发生几率取决于受照剂量的那些效应。随机效应以随机方式发生在受照群体或其后代中，而且发生效应的概率与该群体所接受的剂量有关，但其严重程度则与剂量无关，不存在剂量阈值（如图3-2）。

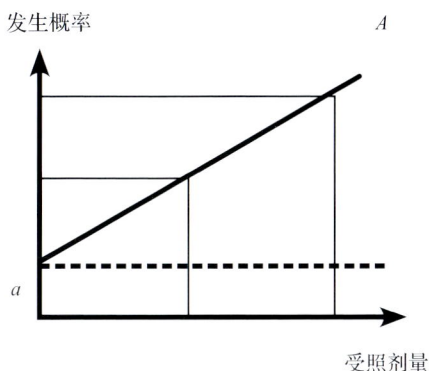

发生概率

A

a

受照剂量

图3-2 随机效应发生概率与受照剂量的关系

确定性效应是指效应的严重程度与受照剂量有关的那些效应。确定性效应存在着阈值，意味着只有当受照剂量超过这个值时，机体才会发生效应。受到的剂量大于阈值，这种效应就会发生，而且效应的严重程度与受的剂量大小有关，剂量越大后果越严重。

在辐射防护实践中，认识到确定性效应存在阈值，具有极为重要的意义。因为这使得辐射防护工作人员有可能通过种种措施把受照人员所接受的剂量控制在某一剂量阈值以下，从而达到防止受照人员的特定组织或器官发生确定性效应的目的（如图3-3）。

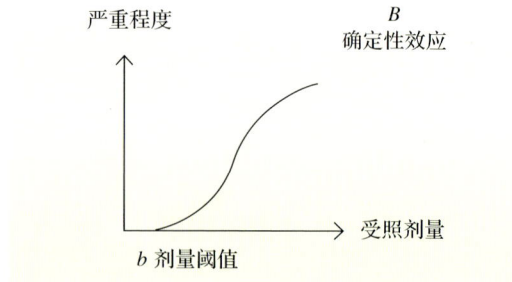

图3-3　确定性效应的严重程度与受照剂量的关系

表3-1 确定性效应几个主要的剂量阈值和表3-2 不同剂量引起的放射病及特征，来源参考ICRP60号报告，取值略有差异。

表3-1　确定性效应几个主要的剂量阈值（单位：Sv）

器官或组织	确定性效应	单次照射的剂量阈值	多次照射的剂量阈值
生殖腺	永久性不育	3	
眼晶体	晶体混浊	0.5～2.0	＞15
红骨髓	造血机能损伤	1.5	＞20
皮肤	难以接受的变化		＞20

（二）早期效应和晚期效应

• 躯体的早期效应

躯体的早期效应是指受照之后几个小时到几周内就会出现的那种效应，一般只有在急性大量照射后，才有可能出现。如急剧地受照

1 000 mSv以上，可能在几小时之后出现恶心和呕吐，还可能引起白血球、血小板减少等；如一次受照5 000 mSv以上，皮肤会出现线斑和脱毛；只有在受照数十希沃以上才会引起中枢神经的损伤。

一般情况下，全身受照500～1 000 mSv照射时，通常反应较少，个别人有恶心、呕吐反应，具体见表3-2。

表3-2 不同剂量引起的放射病及症状

剂量／mSv	类 型		初 期 症 状 或 损 伤 程 度
<250			不明显和不易觉察的病变
250～500			可恢复的机能变化、可能有血液学的变化
500～1 000			机能变化、血液变化、但不伴有临床征象
1 000～2 000	骨髓型急性放射病	轻度	乏力、不适、食欲减退
2 000～3 500		中度	头昏、乏力、食欲减退、恶心、呕吐、白细胞短暂上升后期下降
3 500～5 500		重度	多次呕吐、可有腹泻、白细胞明显下降
5 500～10 000		极重度	多次呕吐、腹泻、休克、白细胞急剧下降
10 000～50 000	肠型急性放射病		频繁呕吐、腹泻严重、腹疼、血红蛋白升高
>50 000	脑型急性放射病		频繁呕吐、腹泻、休克、共济失调、肌张力增高、震颤、抽搐、昏睡、定向和判断力减退

核工业引起的工作人员和公众的照射水平远远低于产生躯体早期效应的水平，只有在发生概率极小的重大核事故中才有可能急剧地受到大剂量的照射。辐射防护关注的重点是长期小剂量照射的累加可能对人体产生的有害效应。国际放射防护委员会（ICRP）认为小剂量照射是指总剂量小于100 mSv的照射。

• 躯体的晚期效应

我们把经历潜伏期较长的躯体效应称为晚期效应，主要指受照6个月以后出现的机体变化。

晚期效应在临床上的表现主要有各种癌症、白内障、不育症等。由于晚期效应的潜伏期较长，很容易同其他的因素，如工业污染、化学药物或长期不良的生活习惯所引起的效应相混，故不能确切地判明引起效应的原因。同时由于核工业只有几十年的历史，尚未积累许多可靠的资料和足够的实验数据，特别是在较小剂量和剂量率条件下，更缺乏令人信服的资料，因此不能给出有关晚期效应与剂量当量的严格的对应关系。

（三）躯体效应和遗传效应

• 躯体效应

由人体普通细胞受到损伤引起，并且只影响受照人本身，躯体效应分为躯体早期效应和躯体晚期效应。

• 遗传效应

由生殖细胞受到损伤引起，将影响受照者的子孙后代。与晚期效应一样，遗传基因的变化或突变，既可由电离辐射诱发，也可由非电离辐射因素诱发，电离辐射也只是增加了遗传效应的发生几率，但这种效应是极低的，到现在为止，人类流行病学调查尚未发现辐射遗传效应的存在。

第三节　影响辐射生物效应的因素

影响辐射效应的因素有很多，基本上可以归纳为两个方面，一是与辐射有关，称为物理因素；二是与机体有关，称为生物因素。

（一）物理因素

物理因素主要是指：辐射类型、剂量、剂量率及分次照射、照射部位及照射面积和照射的几何条件等。

· 不同类型辐射的危害

常见的辐射为α辐射、β辐射、γ辐射和中子辐射。电离辐射对人体的危害主要在于辐射的能量导致构成人体组织的细胞受到损伤。不同的电离辐射类型，其穿透力不同，对人体的危害情况也不一样（如图3-4）。

图3-4　不同类型辐射的穿透力

α粒子质量大、电荷多，在物质中的射程很短。能量最大的α粒子在空气中的射程有几厘米，难以穿透人体外表的角质层。因此，α粒子几乎不存在在外照射危害问题。但α粒子一旦通过吸入或食入而进入人体，短射程这一特点就显得不寻常。此时，α辐射源被人体活组织所包围，损伤几乎集中在α辐射源附近。若α粒子沉积在体内某一器官，其能量可被该器官全部吸收，因而受到严重的伤害。因此，α粒子的内照射危害需要重视。

β粒子在空气中的射程较大。只有能量较高的β粒子才能穿透人体皮肤进入浅表组织，但整体上β粒子的外照射危害较小。

γ射线在空气和其他物质中的射程大，也就是说其穿透力较强。即使处于离辐射源远处的组织，也会受到危害。就外照射而言，与α、β辐射相比，γ射线具有更大的危害性。

中子不带电，不论在空气中还是其他物质中，它都具有很大的射程，与γ射线一样，中子对人体的危害主要是外照射，但它产生的损伤程度要比γ射线大。中子引起内照射的机会极小，不论天然中子源，还是人工中子源，进入人体的机会都极小。

对于常见的几种辐射，就其相对危害而言，α和β辐射的潜在危害主要来自其内照射；而γ射线和中子辐射的潜在危害主要是外照射。

• 剂量率与分次照射

通常对单次照射，在剂量率相同的情况下，受照时间越长生物效应则越显著。同时，生物效应与照射的情况有关，一次大剂量急性照射与总的剂量相同下分次慢性照射相比，产生的生物效应会有很大不同。通常分次越多，各次照射之间间隔时间越长，生物效应越小。

• 照射的几何条件

不同的照射条件所造成的生物效应也会有差异，如辐射的角分布、空间分布以及辐射能谱，还有机体在受照时的姿势和受照的面积等。

除以上所述，发生内照射的情况下生物效应还取决于进入体内放射性核素的种类、数量，他们的物理化学性质，在体内的沉积部位和滞留时间等。

（二）生物因素

辐射生物学研究表明，不同的细胞、组织、器官或个体对辐射的敏感度是不同的。就不同生物种系而言，机体结构越复杂，对辐射的敏感性越高；对人类而言，随着年龄增长，对辐射的敏感性会逐渐降低。

辐射损伤与受照的部位密切相关，这是因为不同的生物器官对辐射的敏感性不同（见表3-3）。

表3-3　组织或器官的权重因子

组织或器官	权重因子
性腺	0.20
红骨髓	0.12
结肠	0.12
肺	0.12
胃	0.12
膀胱	0.05
乳腺	0.05
肝	0.05
食道	0.05
甲状腺	0.05
皮肤	0.01
骨表面	0.01
其余组织或器官	0.05

权重因子表示不同器官或组织对辐射照射的敏感性，值越大意味更容易受到辐射的伤害。从表中可以看出人体性腺、红骨髓和结肠的权重因子较大。调查研究表明，当人体受到长期较高剂量电离辐射照射时，最容易产生病变的是生殖系统和造血功能。

第四节　趣味问答

（一）放射性核素会在人体内不断累积吗

答：每个人身体内都有一定量的放射性物质，其中一部分是我们与生俱来的，另一部分则是在一生中逐渐进入体内的。像我们日常的饮水、食物乃至呼吸等都会摄入放射性物质，并随着自身的代谢逐渐分布到全身。但大家不必担心放射性物质会在身体的越积越多，这是因为这些放射性核素既然可以通过各种代谢途径进入身体各部分，同样也可以通过代谢途径排出体外，例如尿液、粪便、汗液等，此外放射性物质自身也会衰变减少，人体内的放射性物质通常会达到平衡。当然，也有少数放射性核素由于其特性会在人体内长期滞留，但日常生活中一般不会接触此类核素。

我们把放射性核素的数量从体内排出一半所需要的时间称作生物半排期，核素本身也在衰变，这两种方式决定了人体内放射性核素减少一半所需要的时间，我们称之为有效半衰期。有效半衰期短，放射性核素减少的速度就快，反之则慢。通常情况下，人体内各种放射性核素的量保持在一个相对稳定的状态。

总之，通过代谢平衡，人体内的放射性物质总是保持一个有一定波动范围的平均值。这些放射性物质导致的辐射剂量很微小，不会对健康产生危害。

（二）核电厂附近居民的辐射剂量有多大

联合国原子辐射效应科学委员会在2000年报告书对核电厂周围居民受到的额外辐射剂量进行了回顾性分析，指出其剂量很小，与天然本底辐射水平相比几乎可以忽略不计。

我国也有相关的调查研究，2004年，我国对秦山核电厂运行11年后周围居民受照剂量及其健康状况进行了调查，结论表明：秦山核电厂周围环境和食物中的放射性水平都在正常本底的波动范围，居民受到的照射剂量在天然本底照射剂量范围内。因而认为秦山核电厂的运行未对周围居民的健康产生影响。相反，由于核电对周围经济的带动，核电厂周围的居民生活都有了显著的提高（如图3-5）。

图3-5 核电厂周围很安全

　　近几年，芬兰、瑞士、法国、英国也就核电厂周围辐射影响进行了大规模的调查研究，结论没有发现任何核电厂附近居民白血病或其他癌症发病率上升的证据，大量调查研究表明核电厂等核设施在正常运行条件下对附近居民没有多少影响。

第四章
辐射防护基本方法

我们已经初步认识了辐射、辐射源和辐射对人体的危害，那我们要怎样对辐射进行防护呢？

所谓的辐射防护，是指保护人类和环境免受辐射伤害的一门应用学科，有时也指用于保护人类和环境免受或少受辐射危害的要求、措施、手段和方法。

人类在生产和生活中应用了一些能产生辐射照射的活动（如图4-1），那么我们就必须关注既要允许这些能产生辐射照射的实践活动的合理开展，又要保护从事放射性的工作者本身、公众、他们的后代以及环境免受或少受辐射的危害，这也是我们进行辐射防护的根本目的和出发点。

第一节　辐射防护的基本原则

图4-1　绿色核电厂—秦山核电基地

为了达到辐射防护的目的，辐射防护必须遵循辐射实践正当化、辐射防护最优化和限制个人当量剂量三项基本原则。

辐射实践的正当性就是要得大于失、利大于弊，只有在考虑了社会、经济和其他有关因素之后，辐射实践活动对受照个人或社会所带来的利益足以弥补其可能引起的危害时，才能认为开展该项辐射实践活动是正当的。

在实施某项辐射实践的过程中，可能有几个方案可供选择，在对这几个方案进行选择时，应当运用最优化程序，也就是在考虑了经济和社会因素之后，个人受照剂量的大小、受照射的人数以及受照射的可能性均保持在可合理达到的尽可能低的水平（As Low As Reasonably Achievable，ALARA），这就是辐射防护最优化原则，也称为ALARA原则。

在实践活动中，还必须用剂量当量限值对个人所受照射加以限制，以保证个人所受到的剂量不超过国家规定的限值。根据国标《电离辐射防护与辐射源安全基本标准》（GB 18871—2002）的规定，公众的当量剂量限值为年有效剂量不超过1 mSv；特殊情况下，如果连续 5 年的年平均剂量不超过1 mSv/a，则某一年可提高到5 mSv；放射性工作人员职业照射水平限值为连续 5 年的年平均有效剂量不超过20 mSv；5 年中的任何一年的有效剂量不超过50 mSv；对于个人单个器官，当量剂量限值为眼晶体一年不得超过150 mSv，皮肤和四肢（手和脚）一年不得超过500 mSv。

第二节　外照射的防护

（一）外照射的概念

简言之，外照射就是辐射源在人体外对人体形成的照射（如图4-2）。

图4-2　外照射示意图

（二）外照射的防护

外照射对个人所造成的剂量取决于照射的时间、离开辐射源的距离和屏蔽的程度（如图4-3）。相应，降低外照射的方法主要有：

· 减少在放射源附近工作的时间，即时间防护法；

· 增大你自身和放射源之间的距离，即距离防护法；

· 在你和放射源之间添置屏蔽，即屏蔽防护法；

· 让放射源衰变到一定的程度后再接近它，即源项控制法。

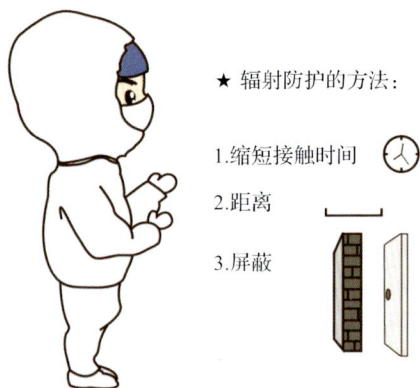

★ 辐射防护的方法：

1.缩短接触时间

2.距离

3.屏蔽

图4-3　外照射防护的方法

特别对于屏蔽物材料的选择，应根据辐射源的类型进行。一般说来，屏蔽 γ 射线要用密度较大的物质，如铅、铁、混凝土、铅玻璃等；屏蔽中子则要先用原子序数较小的物质，最好是含氢（H）较多的物质，如水、石蜡、塑料、石墨等，然后再用吸收中子能力强的物质，如硼、锂、镉等（如图4-4）。

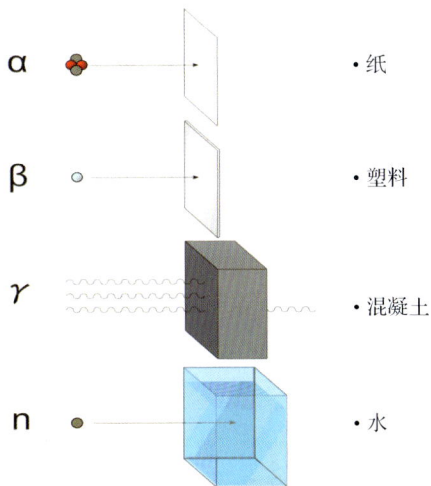

α		· 纸
β		· 塑料
γ		· 混凝土
n		· 水

图4-4 不同类型辐射常用屏蔽材料

第三节 内照射的防护

（一）内照射的概念

内照射就是放射性物质通过呼吸、食入等途径进入人体内，在体内对人体形成持续的照射（如图4-5）。

图4-5 内照射示意图

（二）放射性物质进入人体内的途径

放射性物质主要有三种途径能进入人体，分别是食入、吸入和皮肤渗入，见图4-6。

•食入：主要是饮料、食品等污染后，通过进食进入体内；被放射性物质沾污的手触摸口、嘴唇等导致进入口腔。

•吸入：呼吸被污染的放射性的气体和气溶胶。

•皮肤：完好的皮肤是一个可以防止大部分放射性物质进入体内的有效天然屏障，但是，有些放射性蒸汽或液体能渗透过完好的皮肤而被吸收。当皮肤有伤口时，放射性物质就可通过伤口直接进入人体。

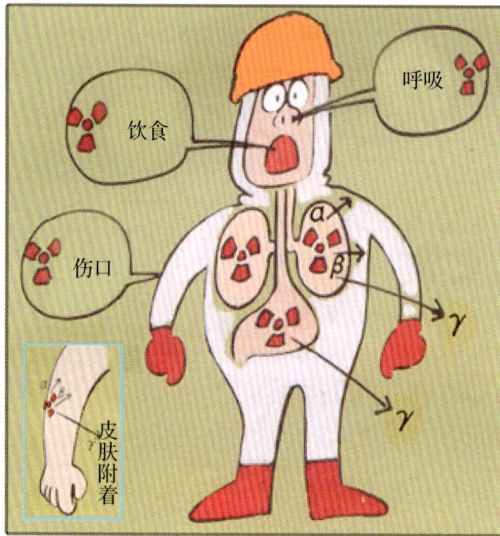

图4-6　内照射的来源

（三）内照射的防护

放射性物质进入人体后，只有通过放射性物质自然衰变和人体的生理排泄（如呼气、大小便、出汗等）逐步减少。因此内照射的防护关键在于防止和减少放射性物质进入体内。

就个人防护而言，我们需及时监测、甄别和清晰了解有内照射风险的区域，尽量避免进入。若确需进入进行工作和操作时，我们需正确使用各类个人防护用具，如工作服、口罩、手套、呼吸保护装置等，并严格遵守规章制度（如图4-7）。

| 通风气衣 | 通风气面罩 | 呼吸面具+气瓶 |

图4-7　内照射防护装备

第四节　电离辐射标识和警告标识

生活中会看到各种辐射标识，这种标识在全世界是统一的，是为了提醒我们留意和远离意外的辐射伤害。常用的辐射防护标识见图4-8。

60°

60°

0.5D

0.75D

2.5D

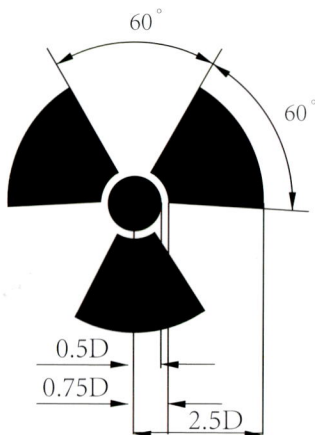

电离辐射标识

电离辐射警告标识

当心电离辐射

图4-8　常见的辐射防护标识

第五节　趣味问答

（一）放射性污染会不会传染？

答：放射性物质不会像感冒病毒那样传染，只可能不小心沾染到身体上。放射性物质对人体的危害主要是通过外照射和内照射两个途径。外照射是辐射源释放出高能粒子、光子等对人体的照射，损伤人体；而内照射是放射性物质通过呼吸、饮食等进入人体内，在体内持续衰变释放出粒子、光子作用于机体的照射。防止污染就是要想办法切断这两个途径，可采取以下措施：①尽量减少和污染源接触的时间；②尽量远离污染源；③必要时采取一定的屏蔽材料对射线进行屏蔽，例如防护屏、含铅衣服、含铅眼镜等；④勤洗手，防止人经被污染的手接触食品而将放射性物质转移到体内；⑤佩戴口罩或有净化功能的面罩，防止经呼吸道吸入放射性物质；⑥在污染区域外出活动尽量穿外罩、佩戴手套、帽子等，将皮肤全部包裹防止放射性物质通过皮肤进入体内。

（二）体表受到放射性污染怎么办？

答：在放射性影响区域活动的人群，身体表面和衣物等可能会沾染大气中放射性物质。经监测部门确认受到污染后，其体表的放射性物质会对人体带来外照射和内照射的危害，可以采取以下措施进行预防：①隔离措施。脱下受到沾污的衣服，用塑料袋封存，放在远离人群处，并请有资质的部门统一进行处置；②洗消措施。进行全身冲淋，尤其是头发，可以用洗发水和沐浴露轻轻的洗，冲淋时间尽可能久些，注意千万不要用力搓洗，避免擦破身体皮肤使放射性污染物进入体内；③封堵措施。万一身体有伤口，必须进行妥善包扎，防止污染物通过伤口进入体内带来内照射危害；④洗完后用仪器进行复测，确认体表已经没有放射性污染残留物；⑤到专业医院对放射性污染物是否进入体内进行检查，根据检查结果决定是否需要采取促排措施。

（三）目前我国核电厂运行对员工身体状况是否有影响？

答：并不是所有员工都会接触到辐射，正常情况下只有部分运行和维修员工可能因为工作关系会受到少量辐射。对于员工的职业照射，国家有规定限值，企业则有更严格的内部控制。各核电厂会根据辐射剂量水平进行分区管理，对于较高剂量水平的区域会设置严格的进入权限限制、进行充分的人员操作培训、提供合适的辐射保护装备以及进行持续的人员受照剂量监控，保障人员辐射安全。表4-1是我国运行核电厂2014年

度的辐射防护剂量统计（数据来自国家核安全局2014年年报），目前我
国在运行的各核电厂员工受照情况受控良好，未发生员工受到超过国家
规定限值辐射的情况。

表4-1　我国运行核电厂2014年度的辐射防护剂量统计

运行机组	年人均有效剂量/mSv	年最大个人有效剂量/mSv
秦山核电厂	0.143	4.035
秦山第二核电厂1、2号	0.346	6.839
秦山第二核电厂3、4号	0.085	2.109
秦山第三核电厂1、2号	0.342	7.192
大亚湾核电厂1、2号	0.462	6.906
岭澳核电厂1、2号	0.300	7.731
岭澳核电厂3、4号	0.185	4.098
田湾核电厂1号	0.130	2.994
田湾核电厂2号	0.081	1.492
红沿河核电厂1、2号	0.329	8.076
宁德核电厂1、2号	0.331	6.064